国家出版基金项目
NATIONAL PUBLICATION FOUNDATION

"十四五"国家重点图书出版规划项目
2020年度国家出版基金资助项目
第八届中华优秀出版物（图书）奖
2022年度"中国好书"

（第二辑）

AR全景看·国之重器

"嫦娥"探月

郑　军 著／庞之浩 主编／张　杰 总主编

北方联合出版传媒（集团）股份有限公司
辽宁少年儿童出版社
沈 阳

© 郑 军 庞之浩 2022

图书在版编目（CIP）数据

"嫦娥"探月 / 郑军著 ; 庞之浩主编. — 沈阳:辽宁少年儿童
出版社, 2022.1（2023.5 重印）
（AR全景看·国之重器 / 张杰总主编. 第二辑）
ISBN 978-7-5315-8970-9

Ⅰ.①嫦… Ⅱ.①郑… ②庞… Ⅲ.①月球探测器—中国—少
年读物 Ⅳ.①V476.3-49

中国版本图书馆CIP数据核字（2022）第021274号

"嫦娥"探月
Chang'e Tanyue
郑 军 著 庞之浩 主编 张 杰 总主编
出版发行：北方联合出版传媒（集团）股份有限公司
　　　　　辽宁少年儿童出版社
出 版 人：胡运江
地　　址：沈阳市和平区十一纬路25号
邮　　编：110003
发行部电话：024-23284265　23284261
总编室电话：024-23284269
E-mail:lnsecbs@163.com
http://www.lnse.com
承 印 厂：鹤山雅图仕印刷有限公司

策　 划：张国际　许苏葵
责任编辑：武海山　薄文才
责任校对：段胜雪
封面设计：精一·绘阅坊
版式设计：精一·绘阅坊
插图绘制：精一·绘阅坊
责任印制：吕国刚

幅面尺寸：210mm×284mm
印　　张：3　　　　　字数：60千字
插　　页：4
出版时间：2022年1月第1版
印刷时间：2023年5月第4次印刷
标准书号：ISBN 978-7-5315-8970-9
定　　价：58.00元

AR使用说明

1 设备说明

本软件支持Android4.2及以上版本，iOS9.0及以上版本，且内存（RAM）容量为2GB或以上的设备。

2 安装App

①安卓用户可使用手机扫描封底下方"AR安卓版"二维码，下载并安装App。

②苹果用户可使用手机扫描封底下方"AR iOS版"二维码，或在App Store中搜索"AR全景看·国之重器"，下载并安装App。

3 操作说明

请先打开App，将手机镜头对准带有 **AR** 图标的页面（P30），使整张页面完整呈现在扫描界面内，AR全景画面会立即呈现。

4 注意事项

①点击下载的应用，第一次打开时，请允许手机访问"AR全景看·国之重器"。

②请在光线充足的地方使用手机扫描本产品，同时也要注意防止所扫描的页面因强光照射导致反光，影响扫描效果。

丛书编委会

总 主 编 张　杰

分册主编（以姓氏笔画为序）

孙京海　李向阳　庞之浩　赵建东　熊　伟

编　　委（以姓氏笔画为序）

孙京海　李向阳　张　杰　庞之浩　赵建东

胡运江　栗田平　高登义　梁　严　谢竞远

熊　伟　薄文才

主编简介

总主编

张杰：中国科学院院士，中国共产党第十八届中央委员会候补委员，曾任上海交通大学校长、中国科学院副院长与党组成员兼中国科学院大学党委书记。主要从事强场物理、X射线激光和"快点火"激光核聚变等方面的研究。曾获第三世界科学院(TWAS)物理奖、中国科学院创新成就奖、国家自然科学二等奖、香港何梁何利基金科学技术进步奖、世界华人物理学会"亚洲成就奖"、中国青年科学家奖、香港"求是"杰出青年学者奖、国家杰出青年科学基金、中科院百人计划优秀奖、中科院科技进步奖、国防科工委科技进步奖、中国物理学会饶毓泰物理奖、中国光学学会王大珩光学奖等，并在教育科学与管理等方面卓有建树，同时极为关注与关心少年儿童的科学知识普及与科学精神培育。

分册主编

孙京海：国家天文台青年研究员。本科毕业于清华大学精密仪器与机械学系。研究生阶段师从南仁东，开展500米口径球面射电望远镜馈源支撑系统的仿真分析和运动控制方法研究。毕业后加入国家天文台FAST工程团队工作。

李向阳："蛟龙"号试验性应用航次现场副总指挥，自然资源部中国大洋矿产资源研究开发协会办公室科技与国际合作处处长。

庞之浩：教授，现为中国空间技术研究院研究员，全国空间探测技术首席科学传播专家，中国空间科学传播专家工作室首席科学传播专家，卫星应用产业协会首席专家，《知识就是力量》《太空探索》《中国国家天文》杂志编委。其主要著作有《宇宙城堡——空间站发展之路》《登天巴士——航天飞机喜忧录》《太空之舟——宇宙飞船面面观》《中国航天器》等。主持或参与编著了《探月的故事》《载人航天新知识丛书》《神舟圆梦》《科学的丰碑——20世纪重大科技成就纵览》《叩开太空之门——航天科技知识问答》等。

赵建东：供职《中国自然资源报》，多年来，长期从事考察极地科学研究工作并跟踪报道。2009年10月—2010年4月，曾参加中国南极第26次科学考察团，登陆过中国南极昆仑站、中山站、长城站三个科考站，出版了反映极地科考的纪实性图书——《极至》，曾牵头出版《建设海洋强国书系》，曾获得第23届中国新闻奖，在2016、2018年获得全国优秀新闻工作者最高奖——长江韬奋奖提名。

熊伟：《兵器知识》杂志社副主编。至今已在《兵器知识》《我们爱科学》等期刊上发表科普文章200余篇；曾参与央视七套《军事科技》栏目的策划，撰写了《未来战场》《枪械大师》系列片的脚本文案，央视国防军事频道的《现代都市作战的步兵装备》等脚本文案；曾担任《中国科普文选（第二辑）·利甲狂飙》一书主编。

序

　　我国科技正处于快速发展阶段，新的成果不断涌现，其中许多都是自主创新且居于世界领先地位，中国制造已成为我国引以为傲的名片。本套丛书聚焦"中国制造"，以精心挑选的六个极具代表性的新兴领域为主题，并由多位专家教授撰写，配有500余幅精美彩图，为小读者呈现一场现代高科技成果的饕餮盛宴。

　　丛书共六册，分别为《"嫦娥"探月》《"蛟龙"出海》《"雪龙"破冰》《"天宫"寻梦》《无人智造》《"天眼"探秘》。每一册的内容均由四部分组成：原理、历史发展、应用剖析和未来展望，让小读者全方位地了解"中国制造"，认识到国家日益强大，增强民族自信心和自豪感。

　　丛书还借助了AR（增强现实）技术，将复杂的科学原理变成一个个生动、有趣、直观的小游戏，让科学原理活起来、动起来。通过阅读和体验的方式，引导小朋友走进科学的大门。

　　孩子是国家的未来和希望，学好科技，用好科技，不仅影响个人发展，更会影响一个国家的未来。希望这套丛书能给小读者呈现一个绚丽多彩的科技世界，让小读者遨游其中，爱上科学研究。我们非常幸运地生活在这个伟大的新时代，我们衷心希望小读者们在民族复兴的伟大历程中筑路前行，成为有梦想、有担当的科学家。

中国科学院院士

目　录

　　45亿年前，一颗火星大小的天体撞击原始地球。两者大部分混合成今天的地球，撞击迸发的碎片则聚集在附近，慢慢形成了月球。这是天文学界对月球起源的主流看法。所以，月球和地球是同胞兄弟，诞生于同一次天文灾难。月球上保留着很多远古地球的信息。除了太阳，月球也是对地球有重大影响的天体，还是人类进入太空的第一站。

月球的引力让地球围绕稳定的轴心旋转，形成四季。它能引发潮汐，让海水流动，促进生命进化，还替地球遮挡了相当数量的天体撞击。

1 月球长什么样?

有"陆"、有"海"、有深坑

遥望月球，亮的地方是高地，能反射更多太阳光，暗的地方是低地。天文学家曾把它们分别称为"月陆"和"月海"，虽然知道月球上没有液态水，但这两个名称一直延用到今天。

月球没有板块运动，只有天体撞击砸出来的环形山。在月球的背面，月海比较少，月陆比较多。

⚛ 又安静又干燥

月球表面几乎没有空气，不能传导声音，所以，月面上非常安静。没有空气也就难以传导热量，阳光照到的地方高达127℃，照不到的地方又降到-183℃。月面没有液态水，不过，在月球极地某些环形山的阴影处，可能保存着水冰。

月球曾经有过磁场，现在已经消失。没有磁场屏蔽，宇宙辐射直达月面，那种环境对生命极不友好。

知识链接

月球上的"坑"是怎么来的

月球上的坑又叫"环形山"，是月球最明显的地貌特征。它们都是过去几十亿年间小型天体撞击后形成的。

地球也承受着大量天体撞击，并形成环形山。但由于空气流动、水的侵蚀和地质运动，它们在地球上只能保存一段时间。月球上没有这些条件，成了一个展览宇宙撞击灾难的橱窗。

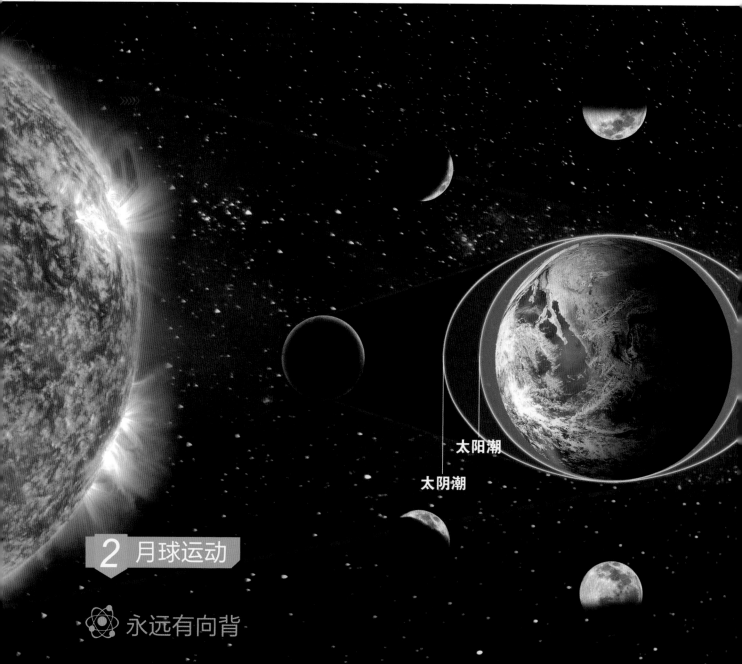

太阳潮

太阴潮

2 月球运动

⚛ 永远有向背

　　作为地球的天然卫星，月球要绕地球旋转，同时它也在自转。月球的公转周期恰好等于自转周期，于是，月球永远以一面对着地球。这种现象又叫作"潮汐锁定"。

　　由于地球自转的原因，从地面上看月球，是从东面升起，西面落下。其实，月球是从西向东围绕地球运动的，只不过地球自转比月球公转快得多，我们会感觉月球是在东升西落。

⚛ 在身边感受月球

月球虽然远在天上，但在我们身边也能感受到它的力量，那就是潮汐。由于地球在自转，天体引力作用在海洋的不同位置上，让海水时涨时落，潮汐便因此而形成。

太阳和月球都在吸引海水。太阳大而远，月球小而近，两方面因素相比较，月球的引潮力比太阳大2.2倍。所以，月球是地球潮汐的主要推手。

知识链接

钱塘江大潮

当太阳、地球和月球连成一线时，海水承受的引力最大，潮汐现象最强烈，称为"天文大潮"。每年农历八月十五前后，浙江钱塘江入口处都会发生大涌潮，成为当地奇观。

第二节
月球资源开发

1 去月球开发什么

    月球有丰富的矿产资源。月球上有些稀有金属的储量比地球还多。比如"氦-3",该物质可以与氘一同参与核聚变反应,释放出大量能量。地球因磁场屏蔽了"氦-3",所以整个地球也只能凑出10吨左右。而月球没有大气,"氦-3"到达后直接混入月壤,总含量预计有100万吨。

月面没有空气干扰，可以提供良好的科研环境。人类可以在那里建设观测太空的前哨站。由于月球表面没有空气不能反射太阳光，所以月球每年接受的太阳光远远多于地球。可以在月面铺设太阳能电池板，生成能量后，用微波和激光的形式发送回地球。

有了能源保障，月球上就可以建设工厂。月壤可以作为3D打印的优质材料，用它直接建造月球上的基础设施。月球两极的"永夜区"里面保存着数亿吨水冰，可以融化成水使用，还可以电解出氧和氢。这样，人类的饮水和呼吸就都能得到解决。

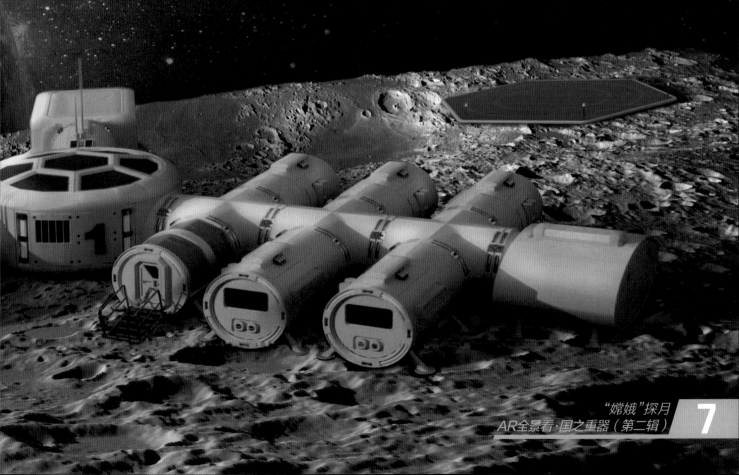

利用航天器直达月球进行探测，这种科学研究的全面性和精确性，是在地球上用望远镜观测所不能比的。到目前为止，共有中、美、苏联、日、印五个国家以及欧盟进行过探月工程。其中，苏联、美国和中国的探测器已经在月面实现了软着陆。日本和印度的探测器也实现了环绕探测，也就是撞击月面。欧盟的探测器则在环月轨道上进行观测。

第一节
远征月球

1 飞向月球

在望远镜产生前，古人只能通过肉眼观测月球。1609年，欧洲科学家伽利略制造出一具能放大32倍的天文望远镜观测月面，并发现了环形山。

苏联在1959到1966年间不断探索，"月球"9号已经能在月面软着陆，并发回照片。美国人后来居上，开始了"阿波罗载人登月计划"。到1969年5月，"阿波罗"10号已经能下降到离月球15千米的轨道上。

苏联"月球"9号

2 人类第一次登月

1969年7月20日，"阿波罗"11号载着两名宇航员，降落在月球上一个叫静海的平原上。经过6小时的准备后，阿姆斯特朗第一个踏上月面，并留下名言："这是我个人的一小步，却是全人类的一大步。"接着，宇航员奥尔德林也登陆月面。这是人类首次在外太空留下足迹。

由于成本高昂且成果有限，美国于1972年结束了"阿波罗载人登月计划"，探月活动陷入低谷。

沉寂30多年后，有实力的国家再掀探月热潮。2017年底，美国宣布"重返月球"计划。欧洲空间局计划在2025年尝试开采月球土壤。

第二节
中国探月工程

　　从古至今，我国的探月活动从未停止。早在汉朝时期，张衡就正确解释了月食的原因。南北朝时期，祖冲之计算的交点月长度与现代观测结果只差十万分之一日。

1 启动探月工程

　　从20世纪60年代开始，中国科学家就在追踪国外登月计划的信息。1978年，美国将一克重的月岩石作为礼品赠送给中国，欧阳自远等科学家就从它着手来研究月球。

2 无人探月的三个步骤

　　中国探月工程的无人探测阶段，分成"绕""落""回"三个小阶段。该工程于2004年启动，2020年完成。

知识链接

探月发射场——西昌卫星发射中心

　　西昌海拔高、纬度低，交通和通信条件便利，是建设发射场的理想地区。西昌卫星发射中心建成后，创造了第一颗通信卫星、第一次国际商务发射等佳绩。西昌卫星发射中心因为有发射过地球同步轨道卫星的成绩，成为嫦娥系列飞船的首选升空场地。

　　有趣的是，西昌因为空气洁净度高，容易看到皎洁的月亮，本身就被称为"月亮城"，与月球缘分不浅。

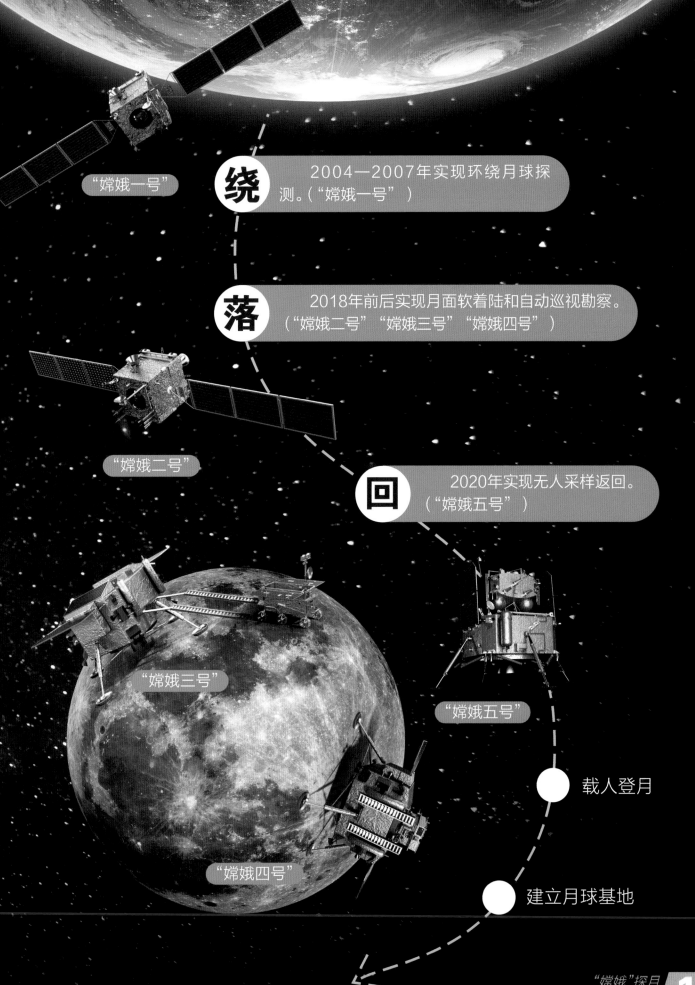

"嫦娥一号"

绕 2004—2007年实现环绕月球探测。("嫦娥一号")

落 2018年前后实现月面软着陆和自动巡视勘察。("嫦娥二号""嫦娥三号""嫦娥四号")

"嫦娥二号"

回 2020年实现无人采样返回。("嫦娥五号")

"嫦娥三号"

"嫦娥五号"

"嫦娥四号"

载人登月

建立月球基地

"嫦娥"探月
AR全景看·国之重器（第二辑）

在中国上古传说里，仙女嫦娥偷吃了丈夫的不死药，飞到月亮上的广寒宫，从此不能返回地球。这个传说也蕴含了古人远征月球的梦想。中国探月工程依托现代科技，实现了古人的千年梦想。

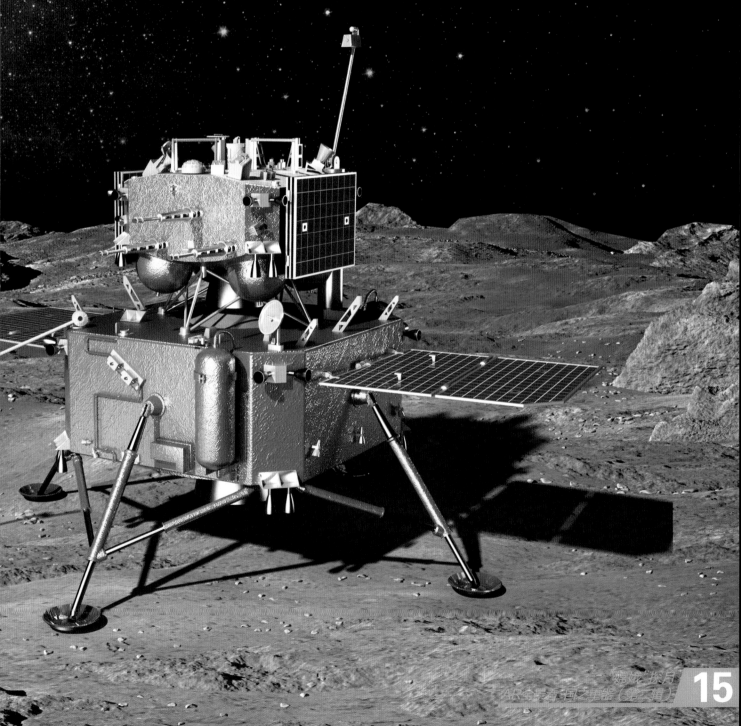

1 从 "绕月" 开始

    2007年10月24日，我国首颗探月卫星 "嫦娥一号" 在西昌卫星发射中心成功升空。随后不断变轨，7天后进入月球轨道。

    "嫦娥一号" 是当时中国发射得最远的航天器。它的成功，使中国成为第五个能向月球发射卫星的国家，也为 "嫦娥工程" 的后续项目打好了基础。

知识链接

绕月前变轨

　　受运载火箭发射能力的局限，"嫦娥一号"不能由火箭送入最终运行的轨道空间，而是要在一个椭圆轨道上先行过渡。在地面跟踪测控网的跟踪测控下，选择合适时机向卫星上的发动机发出点火指令，通过一定的推力改变卫星的运行速度，达到改变卫星运行轨道的目的。

　　"嫦娥一号"变轨前，进入远地点50 930千米，近地点205千米的轨道。每次变轨，都通过卫星上的燃料把它推向更高的轨道。2007年10月31日，"嫦娥一号"终于进入地月转移轨道。

调相轨道段
48小时轨道
24小时轨道
16小时轨道
127分钟轨道
3.5小时轨道
月球捕捉轨道
地月转移轨道段
12小时轨道

　　由"嫦娥一号"获取的数据制作的全月球影像图，是目前世界上已公布的最为清晰、完整的月球影像图。"嫦娥一号"搭载了激光测距仪，可以分辨出月面各地点的高度。

　　同时，其他国家的月面图不包括月球两极地区，特别是终日不见阳光的"永夜区"。"嫦娥一号"采用月极轨道，能飞经月球的两极，填补了人类探月史上的空白。

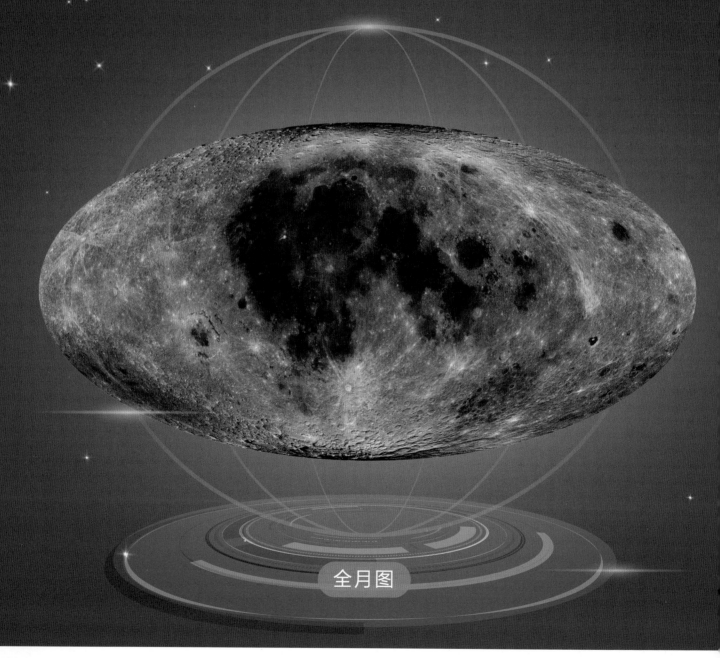

全月图

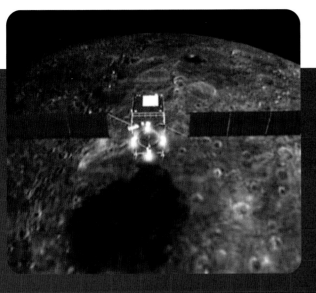
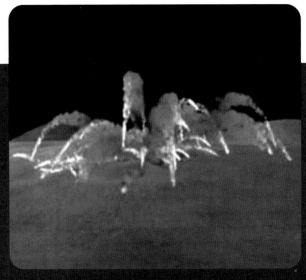

3 有意义的"撞月"

从20世纪90年代开始，各国陆续进行有意识的"撞月"探测。通过撞击时激起的月尘，分析出月球包含的各种物质，特别是由此寻找水冰的痕迹。

"嫦娥一号"通过撞月，为中国探月工程日后的软着陆提供了信息。

知识链接

"嫦娥一号"搭载的30首歌曲

除了科研仪器，"嫦娥一号"还搭载了30首歌曲，在太空中播放。其中既有传统民歌《谁不说俺家乡好》《梁山伯与祝英台》，也有新时代歌曲《爱我中华》《走进新时代》，还有以月亮为题材的《半个月亮爬上来》，等等。

第二节
"嫦娥二号" 空间探测器

1 为二期做先锋

　　"嫦娥二号"原本是"嫦娥一号"的备份星。前者完成任务后，经过改装，增加燃料和科研仪器成为"嫦娥二号"。它不降落在月面，而是为后面的"嫦娥三号"与"嫦娥四号"做技术先导星。

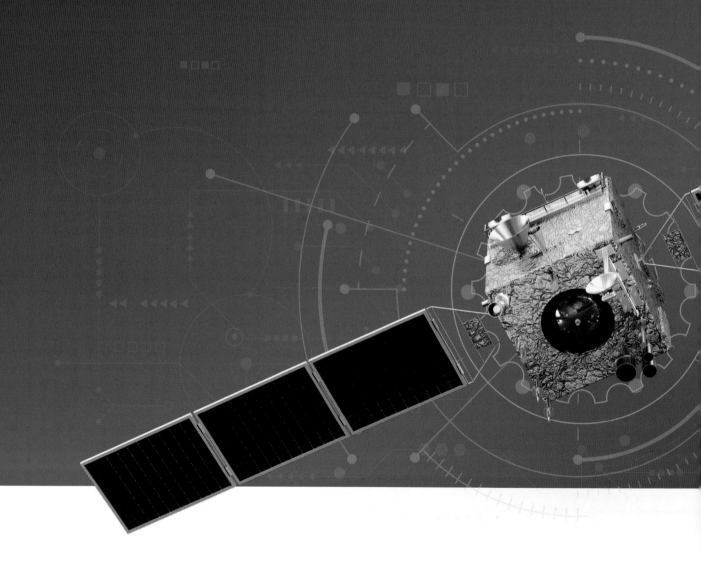

2 技术创新与突破

　　由于采用推力更大的长征三号丙运载火箭，"嫦娥二号"一次性进入地月转移轨道，将奔月单程时间缩短到5天。完成月球考察后，它飞到离地球150万千米的日地引力平衡点——L2点。然后在距地球700万千米远处接近图塔蒂斯小行星，给后者拍照。最后进入环日轨道，成为中国首颗人造行星。

　　"嫦娥一号"制作过月面全月图，分辨率只有120米。"嫦娥二号"把分辨率提高到7米，打破了全月图的世界纪录。

知识链接

"嫦娥二号"的拉格朗日点之旅

　　拉格朗日曾推导出5个日地引力平衡点。如果物体待在这里，受到的地球引力和太阳引力形成平衡，会倾向于停留在原地。航天器在这里只需要很少的燃料就能保持与地球相对静止的位置，对科研十分有利。

　　"嫦娥二号"从月球轨道上加速飞向月地拉格朗日2号点，并在那里停留了10个月。这是首次有航天器直接从月球轨道奔赴拉格朗日点。

第三节
"嫦娥三号"落月探测器

1 终于追上嫦娥的步伐

2013年12月2日，"嫦娥三号"在西昌卫星中心发射升空。这次配备的火箭推力更大，直接把航天器送入距月球100千米的圆轨道。

为了在月面软着陆，"嫦娥三号"配备了新式变推力发动机，其功率达到"嫦娥一号"和"嫦娥二号"的十几倍。

月面昼夜温差达到300℃，会给仪器设备带来致命损害。为此，"嫦娥三号"利用同位素热源，并采用全球首创的热控两相流体回路以及可变热导热管，攻克了这个难题。"嫦娥三号"着陆器直到现在还在工作，是世界上在月面工作时间最长的月球着陆器。

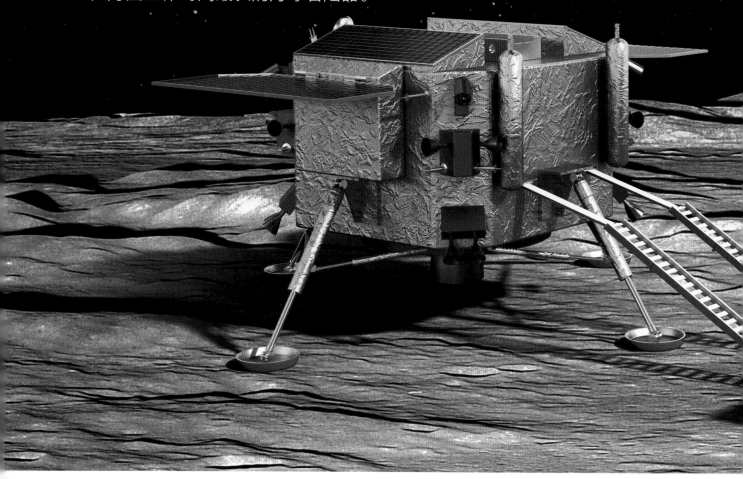

2 "玉兔号"月球车

"嫦娥三号"由着陆器和月面巡视探测器两部分组成，后者又称为"玉兔号"月球车。它能爬上20°斜坡，越过20厘米高的障碍，以适应坎坷不平的月面。它本身也是一个由太阳能驱动的科研仪器。

月球上的一昼夜长达28天。"玉兔号"要在月昼时工作，在月夜时休眠。

"玉兔号"上的机械臂可以在38万千米外由地面来控制，精度达到毫米级，堪比绣花。

3 探月家族的"工作劳模"

　　设计"玉兔号"月球车时，预计其只有90天的使用寿命，但"玉兔号"超期工作了972天，把国外纪录远远甩在后面。

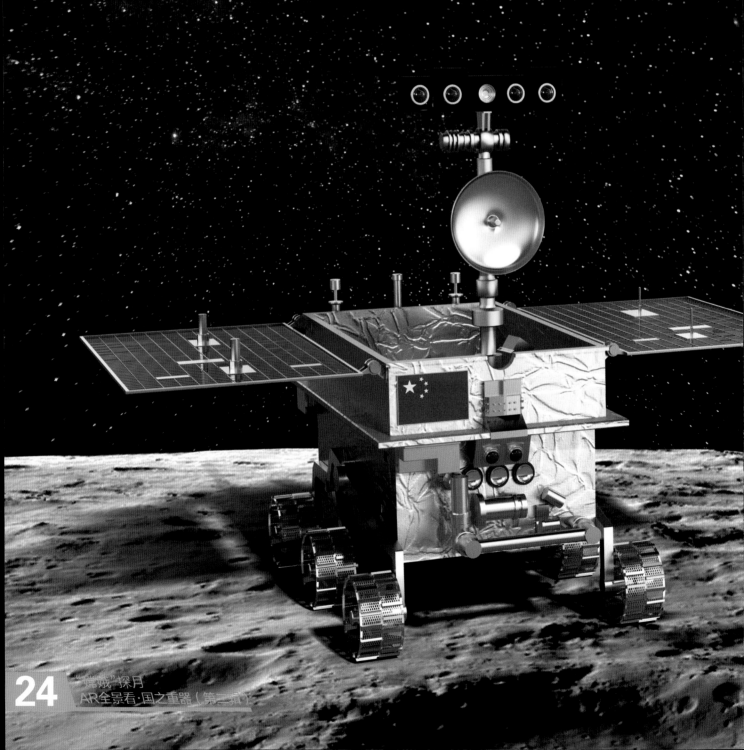

月基光学望远镜

　　这是人类第一个架设在其他天体上的望远镜，专门在紫外波段观测太空。它放置在"嫦娥三号"的着陆器中。

　　由于地球大气层吸收紫外线，在地球上用这个波段观测宇宙，要上升到150千米高空才行。而月面上没有大气，能够直接进行紫外波段的观测。

　　而且，月球28天才自转一周。在那里架好望远镜，可以对同一个天体连续观测几百个小时，这也是地球上不具备的条件。

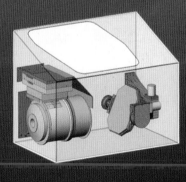

1 在太空架"鹊桥"

　　"嫦娥四号"计划降落在月球背面，但无线电波会被月球本身阻挡，所以需要有中继卫星在飞船和地球之间建立联系，这也是"鹊桥号"的任务。

　　2018年6月14日，"鹊桥"中继星进入地月引力平衡2点——L2点，它位于月球背面6.5万千米处。在那里，地球引力和月球引力互相抵消，卫星与两者之间的位置相对固定，又不会被月球本身所阻挡。"鹊桥号"上有一副伞状天线，展开后口径达到4.2米。

2 最闪耀的"嫦娥四号"

"嫦娥四号"本来只是"嫦娥三号"的备份星，由于后者出色地完成任务，在叶培建院士的提议下，探月工程决定给"嫦娥四号"赋予更艰难的任务，即降落在月球背面。

2018年12月8日，"嫦娥四号"成功发射。经过20多天的反复接近，于2019年1月3日成功降落在艾特肯盆地。这是太阳系内已知最大的撞击坑，很多月球内部物质在撞击中暴露出来，科研价值很高。

截至2021年4月6日，"嫦娥四号"已在月球背面度过了825个地球日，当天"嫦娥四号"着陆器和"玉兔二号"月球车进入第29月昼工作期。

知识链接

两器互拍

让着陆器与巡视器互相拍摄，意味着月球探测器的这两个部分已经成功分离，并且通信正常。2013年12月14日，"玉兔号"与"嫦娥三号"巡视器进行了互拍。2019年1月11日，"玉兔二号"也和"嫦娥四号"的着陆器实现了互拍。

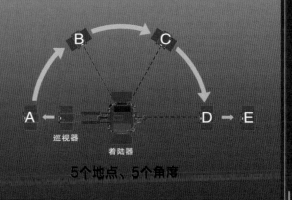

5个地点、5个角度

3 "玉兔二号"月球车

由于在"玉兔号"基础上进行了改进,"玉兔二号"并没有遇到前者的麻烦。截至2021年4月6日,"玉兔二号"月球车进入第29月昼工作期,获得了大量科研资料。

知识链接

有趣的生物实验

人类不能孤独地进入太空,肯定要与其他生命同行,所以需要考察它们在宇宙环境里的生存能力。"嫦娥四号"搭载了4种植物种子,以及果蝇的卵,还有酵母菌。经过一段时间,棉花种子最先发芽。这是第一次在月面低重力环境下有植物成长。

4 首次在月球背面着陆

即使在美苏太空竞赛期间，也没有任何航天器降落在月球背面。"嫦娥四号"大大拓展了人类的行动空间，丰富了人类的科学宝库。

而"鹊桥号"中继星的使用，还会发展出一套宇宙通信系统，为航天器飞往太阳系内各处提供指引。

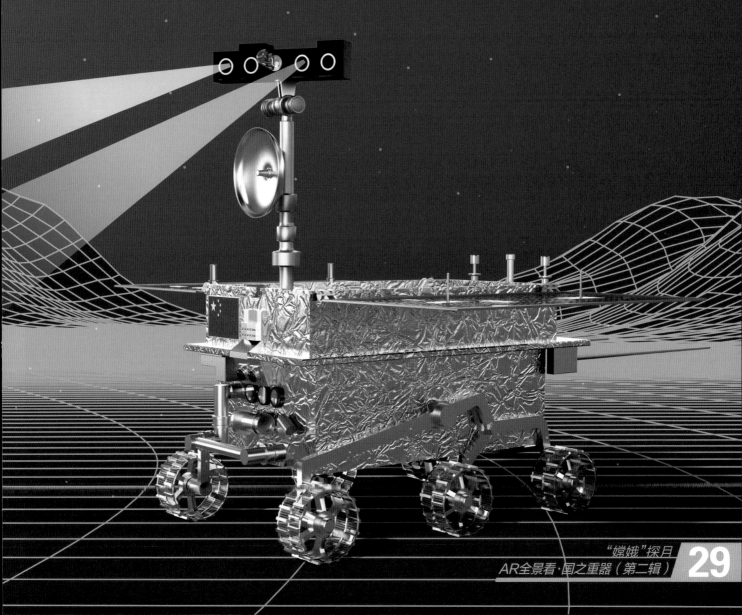

1 "嫦娥五号" 探月之旅

"嫦娥五号"于2020年在海南文昌卫星发射中心升空。在重载火箭"长征五号"助力下,4天后进入环月轨道。

2020年11月24日

2020年12月1日

"嫦娥五号"着陆器和上升器形成组合体,降落在月球正面的风暴洋。当即开展取样工作,将1731克样品放入上升器内。

上升器点火进入月球轨道，与轨道上的返回器轨道器组合体成功对接，将月壤转移到返回器中。为避免变成太空垃圾，上升器再次落回月面。轨道器和返回器的组合体点火启动，脱离月球轨道。

2020年12月3日

2020年12月17日

返回器脱离轨道器，用"打水漂"的方式在大气层中逐渐减速，于地面10千米的高空开伞，成功降落在内蒙古四子王旗的预定位置。

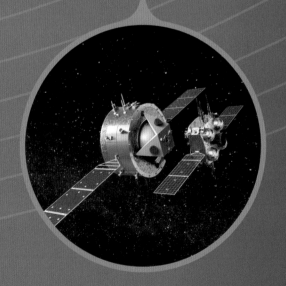

"嫦娥五号"创造了我国航天史上的4个第一次，即第一次在月球表面自动采样；第一次在月面起飞上升；第一次实现月球轨道交会对接；第一次带月壤返回地球。这样的成就值得每一个中国人为之骄傲。

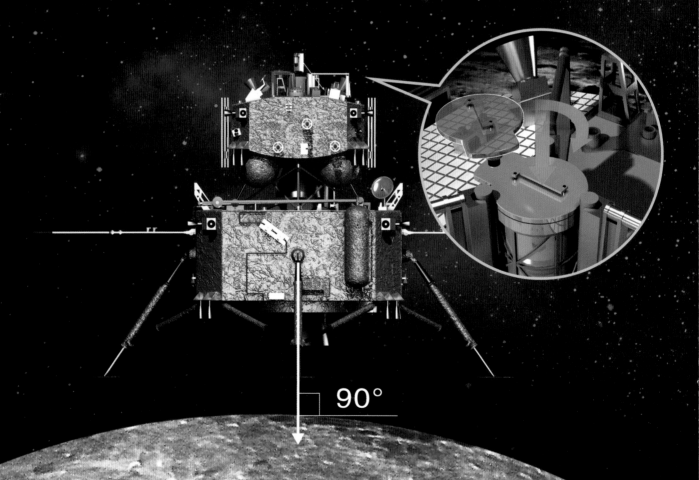

90°

知识链接

胖五——"长征五号"系列运载火箭

"工欲善其事，必先利其器。"要实现载人登月、建立空间站，或者远赴火星，都必须有功率更大的火箭。"长征五号"就是为这些重量级任务准备的，地月转移轨道运载能力为8吨，"长征五号"能够满足这一要求。

由于直径达到5米，陆路运输不便，"长征五号"都是由船运送到海南文昌卫星发射基地升空的。

3 月球采样的意义

　　研究月球样本，能分析月面的物质成分，探索月球的形成和演化过程。月面上没有空气，样本中还保存着早期太阳系留下的信息。

　　在月壤中寻找水的成分，可以给月球基地建设提供重要参考。月壤样本保持原有的分层结构，能研究不同深度上接受的宇宙辐射剂量。月壤中包含的"氦-3"是核聚变的重要原料，开发前景广阔。

　　"嫦娥五号"采样成功，为今后的载人登月技术奠定了基础。

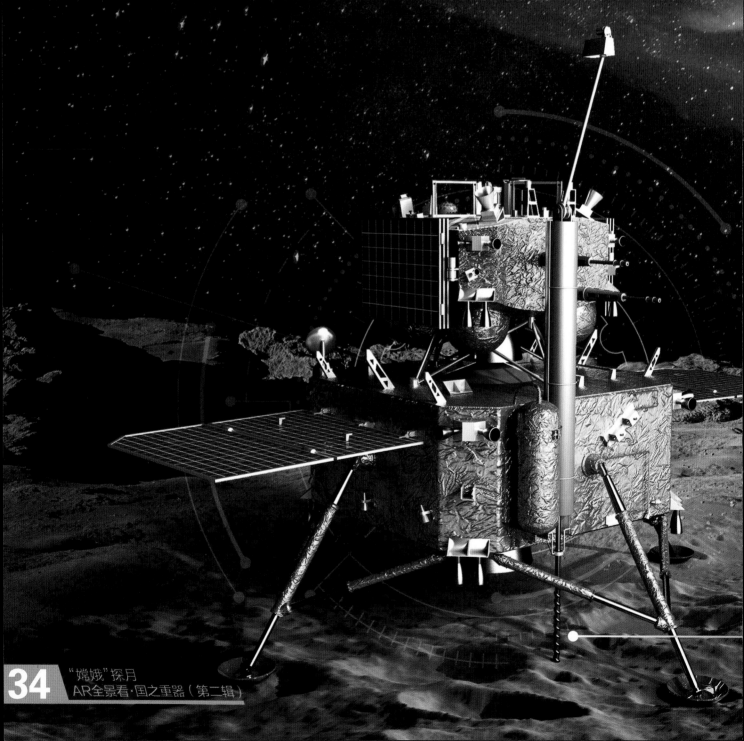

一旦成功完成返回式无人月球探测，我国还要进行"载人登月"和"建立月球基地"两个更长远的步骤。预计2025—2030年之间，中国人将在月球留下脚印。

未来的中国载人登月和美国载人登月有个重要区别，就是我国以建设月球科研基地为目标，而不只是"到此一游"。这个科研基地将以中国为主导，吸引国际社会参与，真正成为人类在月球上的前哨站。

为此，我国还需要研制直径接近10米的"长征九号"火箭，其运载能力会超越载人登月计划使用的"土星五号"，能把50吨的载荷送入月球轨道。

第二节
探测火星

2021年5月15日，中国首个火星探测器"天问一号"成功着陆于火星乌托邦平原南部预选着陆区，中国首次火星探测任务着陆火星取得圆满成功。2021年5月22日，"祝融号"火星车已安全驶离着陆平台，到达火星表面，开始巡视探测。

苏美开启火星计划时，最初只能让航天器与火星擦肩而过，然后才能让飞船进入火星轨道，再进一步，才能实现软着陆。"天问一号"一步到位，完成了"绕、落、巡"三个过程，创造了航天史上的奇迹。

不远的未来，中国人还会去探测金星和小行星带，以及更远的深空，最终成为深空探索的重要参与者。

40 "嫦娥"探月
AR全景看·国之重器（第二辑）